Achille DICKAMODO

La facture du cerveau

Achille DICKAMODO

La facture du cerveau

Notice du développement personnel

Éditions Vie

Cover image: www.ingimage.com

Publisher:
Éditions Vie
is a trademark of
Dodo Books Indian Ocean Ltd. and OmniScriptum S.R.L publishing group

120 High Road, East Finchley, London, N2 9ED, United Kingdom
Str. Armeneasca 28/1, office 1, Chisinau MD-2012, Republic of Moldova, Europe
Printed at: see last page
ISBN: 978-613-9-59436-8

Pourquoi ce livre ?

La conception de ce livre mets venue en tête tout récemment, il faut déjà relever que je m'interraisais déjà beaucoup au fonctionnement de notre cerveau, au mécanisme d'apprentissage et de mémorisation plus rapide , qui pourrait me permettre de maximiser au plus mon temps , mais tout ceci n'était fait qu'à but personnel.

Pourquoi alors avoir décider d'écrire ce livre ? J'ai remarqué , que dans mon environnement les gens qui m'entourent ne comprennent n'y même ne sache que notre cerveau possède certains système d'émission et de réception de l'information , ils ignorent absolument tout de ce système qui pourtant les servirons toutes leurs vies .

L'ambition de ce livre , est de les aider à prendre conscience de ce être sensible et intrinsèque à leur personne , de là aussi les amenées à comprendre les mécanismes utilisés par le cerveau pour acquérir une connaissance et la mémoriser , chose qu'ils font déjà inconsciemment ; le livre les aides a transformé cette capacité inconsciente en capacité consciente, c'est pour cela que j'ai décidé de l'appellé " " Lisez Votre Notice " " , car oui en vrai notre cerveau possède une notice , il sera question d'explorer cette notice de notre cerveau, de la comprendre , de l'assimiler , de reprogrammer, le cerveau , et de libérer grâce aux techniques livré dans ce livre un super-cerveau comme le dit souvent l'un de mes grands mentors Jim KWIK ...

Jim KWIK : << Si le savoir ou la connaissance est un pouvoir alors l'apprentissage est un super-pouvoir. >>

Introduction :

J'ai longtemps été un élève attardé a l'école j'avais du mal à suivre, à me concentrer, et surtout à retenir les cours dispensés par les professeurs, à cause de quoi j'ai été un petit médiocre du système scolaire pendant beaucoup d’année. En classe de seconde à mon collège de l'époque Collège NDA nous avions passé un trimestre les notes sortis le bulletin conçues on devrait faire fit de cette nouvelle à nos parents , à la réception de mon bulletin de note ma mère était furieuse , mon père pas des moindres , j'avais réussi à être l'avant dernier d'une classe de 64 personnes , en faites la nouvelle en soi- même ne m'a pas étonné plus que ça puis que j'étais conscient de mes insuffisance, mais pourtant cette nuit-là un mots , un seule étant sortit de la bouche de mon père éveilla cet âme de guerrier en moi : << Tu es un raté >> , avez-vous ne serait-ce qu'une seule idée de recevoir ça comme injure un soir ou tu essaies de t'améliorer en prenant ton cahier et en lisant jusqu'à ne plus même avoir d'espace sur son disque dur mental.

A partir de ce soir-là je me mis sérieusement au travail, je commença d'ailleurs par cherché des techniques de mémorisation rapide , d'apprentissage rapide et autres , c'est ce qui m'a conduit aux sciences cognitives et qui à su développer le chercheur que je suis aujourd'hui . Et je peux vous assurer que je suis à des années lumières de celui que j'étais en seconde.

<< Le succès est un état d'esprit, si-vous voulez réussir commencez par penser à vous en tant que gagnant >> , cette pensée est de Joyce Brother ...

La première fois que j'ai écouté cette pensée cela m'a frappé, je me suis dit alors tout commence par la pensée, car notamment on dit même qu'en affaire de richesse matérielle, de compétence, et de séduction tout commence toujours par la pensée. Alors si le siège du début de toute chose commence par la pensée, donc il s'avère nécessaire de savoir comment notre cerveau fonctionne et comment pouvons-nous l'utiliser à bon escient.

Ce livre traite entièrement de ce domaine, un domaine qui je crois m'aurait été très utile au début de ma vie . C'est spécialement dans un soucis de partage avec les autres que j'ai commencé à écrire ce livre qui je crois pourrait aider d'autre personne que moi .

Car comme on en parle souvent SK et moi les gens ne sont dès fois qu'à une compétence de s'enrichir. Dans ces prochains paragraphes seront présentés

les fruits de toutes mes années d'études , de recherches personnelles et d'expérience qui m'ont servis à être là personne que je suis actuellement. Je pourrais même dire que cela m'a été facile plus que j'ai toujours eu le soutien de mon mentors qui m'a beaucoup aider lors de ma traversée du désert , il m'a soutenue, m'a conseillé jusqu'à lors . En vertu de toutes ses connaissances et conseils qu'il m'a donné dans le cadre de l'apprentissage et de la mémorisation il serait ingrat de ma part de ne pas la partager avec ma communauté. En vraie je ne suis pas le meilleur que vous et même loin de moi l'idée de vous dire ce que vous devriez faire tout ce que je désire c'est de voir des gens plus conscient de la nature propre de ces armes qui sont en nous et que la nature nous à donner.

En dépit de tous ce qui sera dit ici c'est à vous de décider si vous aller l'appliquer ou non , je ne peux pas le faire pour vous et nul ne le peux, ce n'est qu'à vous même d'exploiter tout ce que vous aller

apprendre ici . Comme le disait Olivier Lockert : "" La connaissance c'est partager le savoir qui nous fait grandir . "" ...

Histoire , maîtrise et explication de la genèse du cerveau ...

Comprendre pour mieux connaître ; les outils propres au cerveau ....

Pour réussir à apprendre vite et retenir pour longtemps, il va d'abord falloir apprendre disons plutôt connaître les outils propres au cerveau , ou se situe t-il et comment les stimulers efficacement et surtout consciemment ...

Jim KWIK le dit souvent , pardonner moi de répétée ces mots à la lettre mais cela relate parfaitement le fonds de ma pensée : << Si le savoir est un pouvoir alors l'apprentissage est un super pouvoir . >> .

Quand on parle de notice du cerveau, mais surtout de méthode d'apprentissage rapide Jim KWIK est le meilleur, je vous invite aussi à aller lire son livre Sans limite .

Retenez cette phrase pour la suite de la lecture et même pour la suite de votre vie , soyiez fier d'être des ignorants car oui vous l'êtes mais soyiez fier de manière méthodique pour acquérir de la connaissance, et non fier de manière sceptique pour rester dans l'ignorance.

Vous devez apprendre à apprendre, pourquoi cela diriez-vous ? Parce que tout d'abord cela vous permettra de comprendre les mécanismes qui servent ou qui s'opère lors de l'apprentissage de nouvelle chose , et la manière dont vous pouvez retenir jusqu'à 100% de ce que vous apprendrait afin de pouvoir parfaitement vous souvenir de cette connaissance en temps voulu . Je tiens aussi à vous signalez que si vous lisez tout cela vous avez fait 20% du travail , mais si vous ne l'appliquer pas vous n'aurez aucun résultat et vous direz que ce livre n'est pas bon hors c'est vous même le virus . Donc si vous exercer ce qui se trouve dans ce livre vous feriez 80% du travail plus le contenu vous serrer optimiser à 100% .

Faites tous pour maîtriser au moins ou maximiser ce livre et les notions qui y sont inscrites ; car certains des leçons et même toutes notions inscrites ici ne vous sont pas enseigner à l'école mais pourtant sont des notions sur lesquels vous serrer évalué tout au long de votre vie .

Leçons N°1 :

La matière d'apprendre à apprendre ...

Leçon N°1: Apprendre à Apprendre (Comment fonctionne le cerveau , la notice du cerveau ..)

Il vous faut apprendre à apprendre, pourquoi vous vous dites sûrement, car si vous ne savez pas apprendre vous ne pourriez pas retenir efficacement sur le long terme l'objet de votre apprentissage.

Alors pour vous aidez à bien maximiser vos connaissances, la lecture et relecture de cette leçons vous sera d'une grande aide n'hésite surtout pas à bien prendre votre temps pour bien le comprendre car le reste des leçons en dépendra.

Pour le moment je ne vais pas vous donner la méthodologie pour mémoriser, alors pour cette leçon utilisée tout les outils dont vous disposez pour capitaliser sur les informations que je vous donne dans cette leçon.

Pour bien débuter, rien de mieux que de commencer par le général , alors la parlons en premier lieu du cerveau humain dans sa globalité.

A-/ Histoire du cerveau humain :

Notre cerveau est un appareil et tout comme les autres appareils elle a un mode d'emplois , mais combien d'entre-nous ce sont déjà intéressé au fonctionnement de leur cerveau. Pas beaucoup je pense ...

Caricaturement notre cerveau est comme une noix , une plutôt grosse noix de 1,5 kg environ (A savoir : la forme du cerveau est souvent proportionnelle à la taille de l'animal ,

cependant de tout les animaux l'homme est le seul a en avoir pour sa taille une aussi grosse , plus qu'il a fallut qu'elle rentre dans la boîte crânienne cela fait qu'il est tout plier on dit qu'il est plein de circonvolution .) . A part la boîte crânienne qui protège le cerveau contre les chocs interne comme externe , il y'a aussi des membranes protectrices , trois au complet .

Une imagerie par résonance magnétique (IRM) montre que le cerveau possède deux hémisphères, l'une gauche et l'autre droite . Une coupe transversale de notre cerveau laisse montrer que notre cerveau possède des compartiments, du haut vers le bas nous avons en premier lieu la matière grise appelée encore le cortex s'est le bureau du chef c'est l'endroit où se prenne tout nos décisions c'est le siège de notre pensée, par la suite il y'a la matière blanche qui relie des centaines de millions de fibres qui relie les neurones entre eux .

Quand l'on descent plus en profondeur nous avons aussi d'autre compartiment tel que le thalamus , l'hypothalamus qui contrôle la faim ou la sensation de faim et la soif , le cervelet qui entre dans la stabilité de notre corps et bien d'autres éléments .

Tout ceci nous ne le savions pas avant la moitié du 19^{ieme} siècle notamment avec les études du chercheurs-psychologue Mac Lean en 1952 .

Les sciences cognitives, neurosciences et autres sont apparues très récemment, les recherches faites par Mac Lean ont beaucoup servit pour la découverte, l'instauration des techniques de mémorisation mais aussi dans le développement des sciences qui touchent aux cerveaux humains.

B-/ Théorie de la Trinité du cerveau humain :

En 1952 , un chercheur du nom de Mac Lean développa la théorie du cerveau tri-unique , cette théorie qui d'ailleurs jusqu'à aujourd'hui n'a pas encore été demanti . Pour lui au cours de l'évolution de l'humanité il serait apparue à l'homme successivement trois cerveaux distincts .

* Il y'aurait eu en premier lieu , le cerveau reptilien surnommée le cerveau primitif ou archaïque vieux de 400 millions d'années ... C'est la structure la plus profonde , il assure les mécanismes sensorielles élémentaires fondamentaux à la survie de notre espèce . Voici quelque unes de ces fonctions, elle assure homéostasie (processus de régulation par lequel l'organisme maintient les différentes constantes du milieu intérieur { ensemble des liquides de l'organisme ... } , entre les limites des valeurs normales .) , la régulation de la respiration, la régulation du rythme cardiaque , la tension artérielle , la température , les réflexes vitaux d'alimentation , le sommeil , la reproduction ...etc . Il intervient aussi dans certains comportements stéréotypés et préprogrammées tels que les réponses réflexe immédiate (fermer les yeux à l'approche d'un danger par exemple) .

* Par la suite , serait apparue le cerveau paléo-mammalien sous son autre nom de cerveau ou système limbique , il serait apparue avec les premiers mammifères. Il est dévolu aux principaux comportements instinctif , à la mémoire , aux émotions , réactions d'alarmes et de stress .

Voici la fonction motrices de certain de ces composantes :

- Noyau amydalien : gère notamment des émotions primaires comme la peur , mais aussi intervient dans la préservation et dans la réaction de fuite .
- Le septum : commandé le processus de procréation.
- Noyaux accubens : génère la sensation de récompense .
- Aire tegmentale ventrale : siège du désir .
- Hippocampe : gère la mémoire (objet de ce livre) .

Il assure aussi l'adaptation des comportements en fonction des souvenirs, la flexibilité en fonction de la balance émotionnelle et des stimulis.

* Nous avons en dernier , le plus récent le cerveau néo-mammalien ou le cortex (néo-cortex) , vous comprenez un peu pourquoi c'est le bureau du chef c'est ici que ce prenne tout nos décisions surtout celle rationnelle, d'où sa situation dans la matière grise , comme elle est la plus récente de l'évolution on la qualifie de " cerveau humain " , il est apparu il y'a 3,6 millions d'années avec les australopithéques bipèdes . Il permet le raisonnement logique , le langage, l'anticipation des actes , la prévisions , les

compétences sociales , l'analyse sensorielles . Joue une fonction de contrôle et d'inhibition sur les deux autres couches à savoir (le système limbique , et reptilien) ...

Fonctions supérieurs

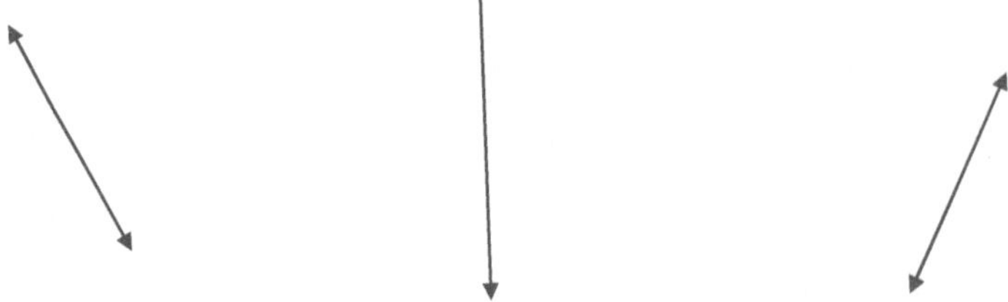

Système limbique

Fonction végétatives et réflexes

Cette représentation ci-dessous est la hiérarchie fonctionnelle . Elle représente le rôle , la fonction du néo-cortex sur les deux autres cerveaux .

Bon passons maintenant à l'essentiel , ce qui nous intéresse pour notre leçon à savoir le système limbique (siège de la mémoire) .

C-/ Le système limbique :

C'est quoi le système limbique ?

Quelle est son rôle ?

Quelle est la composition de ce système ?

Toujours partant de là, essayer de retenir le maximum de tout cela avec vos techniques de mémorisation comme-ça vous aller comparer cela avec les méthodes du livres .

Le système limbique est l'ensemble des structures profondes de l'encéphale, il est impliqué dans le contrôle des comportements, des émotions, de la motivation ainsi que de la mémoire, vous comprenez maintenant pourquoi on étudie le système limbique .

Pour pouvoir bien apprendre et bien mémoriser , nous devons comprendre , quels sont les mécanismes qui entrent dans ce processus d'apprentissage et de mémorisation.

Rôle et fonction du système limbique:

1- Assure la protection de l'individu , veille à la survie de l'espèce.

2-Vivre (motivation alimentaire, appétit est de son ressort) , survivre (instinct de sauvegarde , de combat et de fuite) , se reproduire (sexualité) .

3-Mais son rôle le plus important pour notre étude est son rôle joué dans le processus d'apprentissage et la mémoire .

4-Elle est le centre de la récompense, siège des mécanismes d'actions euphorisantes et des effets addictifs.

5-Evaluation non consciente , automatique, ultra-rapide de l'effet produit , de la perception de chaque action et pensée : effet positif , effet neutre et effet négatif.

Maintenant que vous savez tout cela ne vous vient-il pas à la tête une question, ah bon aucune , bon allons-y , la question serait de savoir comment le système limbique fait pour contrôler et commandé tous - cela ; c'est simple quand l'information ou le stimuli survient au cerveau cela peut arriver via nos cinqs aires (auditif , visuel , gustatif , olfactif , kinesthésique) , il réagit rapidement puis envoie des efferences vers le TC (Tronc Cérébrale) , produisant de ce fait diverses réactions dans le corps , voilà comment il opère, j'espère que vous me suivez toujours . Ok si c'est bon on y retourne.

Pour pourvoir parfaire cette l'étude condensée du système limbique , il nous faudra prendre en compte l'étude d'autres champs scientifiquement complexes et variés tels que : la physiologie, la psychologie, sociologie, ethnologie, biochimie, endocrinologie, neurobiologie , les neurosciences et bien d'autres encore commes les donnés informatiques , mais ne vous inquiété pas dans un soucis de vous rendre les choses faciles , je ferai tout pour expliquer les thèmes de la manière la plus simple possible.

Genèse et origine du SL ?

Le système limbique à été découvert en 1878 par le chercheur-psychologue Paul Broca mais ce fut en 1930 qu'arriva la nette définition du système limbique , qui fut donné par James Papez , pour Papez le système limbique est un système qui assure la relation entre émotion et mémoire .

Il a même fait par la suite de ces nombreuses expériences un circuit récapitulatif des types de mémoires qu'on nomma circuit de Papez.

Composition du SL ?

Le système limbique comme nous venons de le voir joue un rôle dans les émotions et la mémoire , cependant nous savons grâce à des études récentes que le système limbique n'est rien d'autre qu'un ensemble d'élément alors qu'elles sont éléments :

1-/ L'amygdale (ou les corps amydaliens , car il y'a en deux situé de part et d'autre des deux hémisphères) :

C'est une structure sous-corticale (sous le cortex) , il s'agit de la partie infero-mediane du lobe temporal , sous le putamen en avant du noyau caudé . Pour les passionnés d'anatomie et de physiologie j'espère que vous avez réussit à la repéré.

C'est le siège d'une de nos émotions les plus primaires mais aussi source de très grands danger pour nous , mais aussi pour notre cerveau si l'on arrive pas à la contrôler . Vous l'auriez deviner il s'agit bien de la peur .

Comment cela ce produit-il ? L'amygdale identifie le danger et automatiquement le corps réagit , et nous manifestons des comportements de défense , de fuite ou d'attaque (ce sont les réponses alarme du corps fasse a un danger) .

Comment agit-elle ?

• L'amygdale par ses projections sur l'hypothalamus (sous le thalamus) contribue aux réponses corporelles et aux réactions émotionnelles.

• L'amygdale par ses projections sur le cortex enthorinal et sur l'hippocampe , elle joue un rôle important dans l'apprentissage, la mémorisation , la gestion des émotions.

Vous venez de détecter le circuit de l'apprentissage-memorisation , mais vous vous doutez bien que ce n'est pas finit .

2-/ Noyau accumbens :

C'est le système méso-cortico-limbique , elle entre souvent en action en sécrétant des neuro-transmetteur tel que la dopamine, la sérotonine .

C'est aussi le siège de la récompense et de l'addiction, il sert d'interface entre motivation et action.

Grâce à son lien avec les NGC (Noyau Gris Centraux) il entre dans la planification du mouvement et le raisonnement.

Le docteur R-Wise en 1982 avait parler de la théorie de la récompense, il disait : << Toutes les récompenses qu'elles soient naturelles ou artificielles ont une action commune celles d'augmenter l'activité dopaminergiques dans le noyau accumbens . >> .

3-/ L'hippocampe :

Se situe très en profondeur du lobe temporal, joue un rôle dans deux types de mémoires celle dites mémoires contextualisé épisodique et celles dites mémoires decontextualisé sémantique (rouler à vélo par exemple) .

A retenir : l'hippocampe joue un rôle très important voire essentiel dans la mémoire qu'elle soit à court ou à long terme . Une lésion de celle-ci entraîne d'importants pertes de mémoire .

4-/ Le gyrus cingulaire et le gyrus parahypocampique (ne sera pas etudie) :

Situe au dessus du corps calleux(substance qui relie les deux hémisphères) , les gyrus possède 4 parties :

+ CCA (gyrus cingulaire antérieur) : joue un rôle dans les états affectifs .

+ CCM (moyen) : joue un rôle dans les choix des réponses .

+ CCP (postérieur) : joue un rôle dans la fonction mémorielle .

+ CCR (retrospinal): joue un rôle dans la représentation des informations visuo-spatiales.

Elle joue aussi un rôle dans l'expression des émotions, dans l'encodage des souvenirs (circuit de Papez) .

5-/ Le thalamus (noyau antérieur du thalamus) :

Se situe en partie dans le diencephale , bilatérale et symétrique autour du 3eme ventricule.

Il joue un rôle de relai et d'intégration de l'ensemble des informations sensorielles.

C'est une gare de triage elle émet des afférences qui sont convertie en recepteurs sensorielles et des efferences dirigée sur le cortex puis au cervelet et enfin au NGC .

Elle régule aussi l'attention , la vigilance , la douleur , le sommeil.

6-/ L'hypothalamus :

C'est le principal lien entre le système nerveux et le système hormonal endocrinien par le biais de l'hypophyse.

Siège du cerveau végétatif (expression physique des émotions) .

Elle régule les grandes fonctions corporelles comportementales tel que la reproduction, la therm-regulation , le rythme circadien et la faim.

7-/ Les corps mamillaires :

C'est l'interface entre l'hippocampe et l'hypothalamus, il joue un rôle dans la mémoire épisodique et dans l'intégration des informations récentes .

Bon maintenant que vous savez quoi fait quoi dans le cerveau que vous avez pris conscience que dans votre cerveau il y'a des éléments qui assure des fonctionnements précis , là nous pouvons passé au particulier de la notion .

Quand je dis " apprendre à apprendre " , cela renvoie au faite que nous avons juste été relâché dans ce système éducatif pour y apprendre des choses mais pourtant l'ont ne vous appris au préalable à apprendre, comment apprendre , comment restée concentrer , sachez aussi que l'attention ou la concentration est très importante lorsqu'on desir apprendre ou même lorsqu'on lis quelque chose , ce livre par exemple pour pouvoir mémoriser ce que vous avez lu jusqu'ici il faudra d'abord que vous soyiez concentrer, pour preuve je sais que tout ce que vous avez lu jusqu'ici à été pour la plupart d'entre vous ennuyeux ou confus .

Mais bon , en vraie c'était le but , pourtant certains eux on su intégré ce qui ont lu jusqu'ici pourquoi selon vous , parce qu'il y'avait :

1* De l'attention

2* De l'émotion ,

Retenez celle-ci pour la vie :

Cette équation simple est l'équation qui résume tout ce livre :

Informations + Émotions = Souvenir à long terme .

I + E = SLT

Vous l'avez retenu j'espère, si oui alors vous pouvez arrêter la lecture ici . Merci d'avoir lu mon livre ...

Puisque vous voulez en savoir plus , alors je vous en donnerai plus avant de passer à la seconde partie de cette leçon (la notice du cerveau) et d'aller à la deuxième leçons sur le meta apprentissage .Nous devons d'abord essayer un exercice pour vous aider a mémorisé la genèse et l'histoire du cerveau ou comment fonctionne le cerveau .

Exercice : Méthode primaire de mémorisation (mime) .

C'est quoi le mime , cela consiste tout simplement à cela :

Allez devant un miroir, vous y êtes , bon maintenant regarder vous dans ce miroir, imaginer que vous avez trois yeux , les deux naturels que vous avez et un troisième invisible sur votre front , de la gauche vers la droite inscrivez mentalement sur vos yeux (les trois yeux) , une case chacune accolé à un chiffre :

Δ Pour la 1er case : le chiffre A (la case à gauche) .

Δ Pour la 2 ème case : le chiffre B (la case à droite) .

Δ Pour la 3 ème case : le chiffre C (la case au centre) .

Maintenant imaginez que vous êtes un dactilographe et que vous saisissez dans :

× La 1 er case : le cerveau reptilien, cerveau archaïque ou primitif , gère nos réponses sensorielles de base .

× La 2 ème case : le cerveau paléo-mammalien ou système limbique , gère notre mémoire et nos émotions.

× La 3 ème case : le cerveau néo-mammalien ou le cortex , gère notre raisonnement.

C'est facile pas vraie , faites cet exercice mentalement tout a laissant votre imagination faire le travail.

La suite maintenant, nous allons faire un autre exercice, cette fois prenez des parties de votre corps , prenons par exemple :

1- Le dessus de la tête (imaginer une assiette posé là dessus) .

2- Les yeux (imaginez que vos yeux ont des bras et qu'ils tiennent en mains une feuille) .

3- Les deux trous de votre nez (de la gauche vers la droite , imaginez que vous inspirer l'air par la gauche et que vous l'expirer par la droite) .

4- Votre bouche (imaginez là entrain de conduire une moto) .

5- Vos oreilles (les deux orifices , imaginez qu'une flèche a été planté dans vos oreilles sur lesquels est écrit quelque chose) .

6- Votre cou (sur le cou est posé une affiche publicitaire) .

7- Vos épaules (sur vos épaules vous êtes en train de tatouer quelques chose) .

Maintenant, faites le lien avec cela :

_ Les corps amydaliens

_ Hippocampe

_ Le gyrus parahippocampique

_ le gyrus cingulaire

_ l'hypothalamus

_ Les corps mamillaires

_ Noyau antérieur du thalamus

_ Noyau accumbens ...

Après avoir fait le lien on obtient :

√ Sur la tête = les corps amydaliens

√ Sur les yeux = l'hippocampe

√ Dans les narines (ou dans le nez) = par la voix de gauche ou la voix d'inspiration on a le gyrus parahippocampique , sur celle de droite celle de l'expiration on a le gyrus cingulaire

√ Votre bouche = l'hypothalamus

√ Les oreilles = les corps mamillaires

√ Dans le cou = noyau antérieur du thalamus .

Voilà vous êtes maintenant des maîtres de la représentation spatiale , allons bref de bavardage passons à la lecture de cette notice vous voulez bien .

La notice du cerveau

C'est quoi la notice de votre cerveau, tout d'abord sachez que la 1 er partie portait sur une notice , laquel selon-vous ? Bon vous l'avez devinez le fonctionnement du cerveau , mais ici je vais y apporter d'autre détails , en tout je vous parlerer des 5 notices du cerveau , des cinqs grands thèmes de notre cerveau .

I•/ La première notice : Comment notre cerveau fonctionne.

Comme je l'ai dit je ne vais plus rappeller tout le planoplit d'histoire de physiologie et même d'anatomie , passons directement à l'essentiel.

Notre cerveau reçoit des signaux et dirigent tout notre corps grâce à des petites cellules spécialisé appellé neurone . Ces neurones en se connectant entre-eux font circuler les informations, mais aussi à travers cette connection survient la conservation de tout nos souvenirs car notre cerveau est un ordinateur et tout comme l'ordinateur elle possède aussi son disque dur . Ces informations passent de neurone en neurone en émettant des petits courants électriques appelé influx nerveux , donc je vous donne une astuce ici , pour retenir une information il faut que les neurones se connectent entre elles et que cette connection soit solide .

Sachez aussi qu'à la naissance l'enfant dispose de 100 milliards de neurones. Pour pouvoir bien retenir une information, il faut que la connection entre les neurones soit solide .

D'où la stratégie dévoiler dans ce livre de comment faire pour que la connection ne s'efface pas (pour cela il faut soit les émotions, ou répéter l'information pour ce que la connection soit solides) .

N'oublions pas aussi la neuroplastisticité et la neurogenése du cerveau . Le premier veut dire que nous pouvons créer de nouveau neurone jusqu'à notre mort et le second que l'on peut établir de nouvelle connexion jusqu'à notre mort .

II•/ La deuxième notice : notre cerveau ne comprend pas la négation .

A retenir : on ne dit pas au cerveau ce qu'il ne faut pas faire , on lui dit ce qu'il faut faire .

On vas faire un exercice :

* Fermez les yeux , imaginez vous actuellement avec dans votre pantalon , jupe , culotte ou quoi que ce soit que vous portiez en bas , imaginez un énorme serpent qui est en train de remonter vos jambes vers votre ventre . Comment avez-vous vu ça , facile pas vrai .

* Une autre variante , surtout n'imaginez pas que dans le ciel la haut dans les nuages il y'a un vieux messieur assis sur une chaisse entrain de vous pointez du doigts . Vous comprenez , une autre encore , si vous êtes dans un lieu public ou même en privé s'il y'a quelqu'un à côté de toi , ne l'imagine surtout pas à côté de toi habillé en superman avec une perruque rouge et une pince à linge sur le nez .

L'essentiel dans ces exercices est que à chaque fois , vous visualisez cela même si je vois ai dit de ne pas le faire , la leçon dans cela est qu'on ne dit pas au cerveau ce qu'il ne faut pas faire parce qu'il ne comprend pas la négation.

Notre cerveau peut seulement gérer des informations positives :

Celle-ci je l'empreinte à Nicolas Boothman dans son livre Convaincre en moins de 2 minutes aux pages 98 , 99 et 100 , je cite :

Si on vous demande par exemple :

* Où le lait de trouve-t-il dans votre réfrigérateur ? Je suis sûr que vous le savez , mais comment le savez-vous ? Voici la réponse : vous le savez parce que vous l'avez visualisez

dans votre tête l'intérieur de votre réfrigérateur et vous voyez la bouteille de lait .

Étonnant n'est-ce pas ?

* Si je vous demande quelle est la chansons de CJN que vous préférez ? Vous l'avez n'est ce pas ? Comment y êtes-vous arrivé ? Vous l'avez rejoué dans votre tête pour l'identifier .

A savoir : " CJN est l'un de mes plus grand mentors , je vous encourage à aller cherché sa page sur youtube et Facebook , le nom c'est la Start-Up Académie . "

* A quoi le contact avec le corps de votre vie aimer ressemble-t-il , c'est un peu le même processus, vous êtes allé chercher des sensations à l'intérieur de vous (ou de votre esprit) , afin d'en revivre l'expérience .

Tous ces exemples illustrent le langage du cerveau , des images , des sons et des sensations.

Le langage parlé ne vient qu'après l'impulsion donnée par les sens .

Bien maintenant, imaginez vous ne faisant rien , ne ressentant rien, ne voyant rien ? Non ?

Effectivement, c'est impossible parce que le cerveau ne peut géré que des images , des sons ou des sensations négatives .

Notre cerveau ne travail qu'avec des informations positives . Il tire celle-ci des expériences de nos cinq sens , qu'il agite ensuite dans le mixeur émotionnel que nous nommons imagination .

Bizarrement en écrivant cette partie , j'étais partie voire ma bien aimée pour lui donné une montre que je lui avais payé, quand j'allais sortir la montre , celle-ci est tomber et sa vitrine c'etant brisé, bon je lui dit de gardé celle-ci et quand je lui amènerai une autre je récupérerais celui-ci , elle me dit " pas de problème" , mine de rien je sais que vous n'avez pas encore saisi justement le problème dans cette histoire le cerveau ne comprend pas la négation donc quand elle à dit " pas de problème" mon cerveau lui n'a retenus que le

mots " problème" , la morale de l'histoire est celle-ci , à la place d'expression négative utilisé plutôt des expressions positives.

A la place de " pas de problème" par exemple par exemple elle aurait puis dire " avec plaisir " ou " je suis ravie , oh fait comme t'a dit " , ...etc .

Le mots ou même l'expression " problème " eveille dans l'inconscient le soucis de problème, or il y'avait jusqu'à lors aucun problème.

Vous devez après la lecture de cette partie , prendre conscience des messages latents inconscient que contiennent nos paroles . Dites à partir de maintenant : " avec plaisir " ou " je vous en prie " plutôt que " pas de problème" .

Imaginons un instant , que vous apprenez à un chien à sauter en lui disant : << saute >> , mais que pensez-vous qu'il fera quand vous lui direz : << ne saute pas >> ?

Eh bien oui : le chien va sauter ! Même lorsque nous autres , humains qui savons pourtant décoder le langage , nous entendons << ne saute pas >> , nous devons d'abord penser au fait de sauter , puis de choisir de faire autre chose . En fait << ne pas >> comme toute autre négation ne constitue pas un véritable langage .

Donc par conséquent, si << ne pas >> ou toute autre négation , n'est pas enregistré par le cerveau , à quoi ma fille va-t-elle d'abord penser si je lui dis : << Sois gentille , ne mets pas le bazar dans ta chambre >> ? (A réfléchir sûr) .

III•/ Troisième notice : Il y'a 9 forme d'intelligence

Quelles sont ces 9 formes d'intelligences ?

Quelles sont leurs caractéristiques ?

• Tout d'abord , les 9 formes d'intelligences :

* L'intelligence logico-mathematique

* L'intelligence verbo-linguistique

* L'intelligence musicale-rythmique

* L'intelligence corporelle-kinesthesique

* L'intelligence visuelle-spatiale

* L'intelligence interpersonnelle

* L'intelligence interpersonnelle

* L'intelligence naturaliste-ecologiste (naturaliste)

* L'intelligence existentielle

Table des matières

Communauté de leader, pour tous renseignements veuillez contacter le : (90 70 95 88, dickachille@gmail.com) ...

Printed by Books on Demand GmbH, Norderstedt / Germany